westermann

W0252384

TOP Thema

Energie

Thomas Brühne
Peter Kirch

Liebe Schülerin, lieber Schüler,

kaum ein Tag vergeht ohne Schlagzeilen zum Thema Energie: Steigt der Strompreis? Wie teuer wird die Energiewende? Wie sieht der Energiemix der Zukunft aus? Landschaftsschützer protestieren gegen Windkraftanlagen! Eine Vielfalt von Fragen und Themen rund um die „Energie" bieten Anlass zur Diskussion.

Aufgabe
Hier sollst du eintragen, ausfüllen, suchen, rätseln, ergänzen – also eine Aufgabe lösen.

Atlas
Dein wichtigstes Hilfsmittel! Löse die Aufgabe mit einer passenden Atlasseite.

Stifte
Hier sollst du etwas zeichnen oder malen.

Internet
Hier sollst du im Internet recherchieren.

Info
Diese Texte sind zum Verständnis wichtig und informativ. Bitte lesen!

TOP+ **Plus-Seiten**
Seiten für TOP-Spezialisten!

Mein TOP *Thema* Energie

Vorname ____________ Alter ____________

Name ____________ Klasse ____________

Straße ____________ Name der Schule ____________

Wohnort ____________ Bundesland ____________

© westermann

Das Energiezeitalter

Wasserkraft

Holz/Holzkohle

Feuer

Industriegesellschaft

Wassermühlen

Jäger und Sammler

Windkraft

Solarenergie

Atomkraft

Informationsgesellschaft

Dienstleistungsgesellschaft

Erdgas

Bioenergie

Agrargesellschaft

Erdöl

Steinkohle

Muskelkraft

Windmühlen

Braunkohle

Wasserstoff

Zug- und Reittiere

1. a) Bilde zu der Illustration eine Schlagzeile oder einen Aussagesatz.
b) Was könnte die grüne Farbe des Stromkabels bedeuten?

2. Ordne in der Tabelle die Energieträger und Gesellschaftsformen den drei Energiezeitaltern zu.

vorindustriell (bis 1750)	**industriell (seit 1750)**	**postindustriell (ab dem 21. Jahrhundert)**

Flügelschlag einer Fliege: 1 Joule Energie

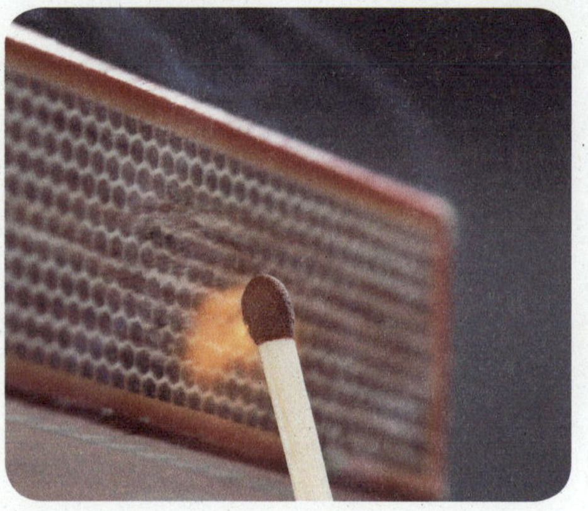

Angezündetes Streichholz: 1 kJ Energie

Körperlich schwer arbeitender Mensch: bis zu 25 000 kJ Energie

Ohne Energie läuft nichts

Energie beherrscht unser Alltagsleben. Sie ist die Grundlage für Industrie und Wirtschaft. Täglich werden fossile und atomare Energieträger abgebaut und durch den Menschen genutzt. Zum Beispiel in Form von elektrischer Energie, Treibstoffen oder Wärme. Zugleich liefern Sonne, Wind und Wasser zusätzliche Mengen an erneuerbarer Energie.

Fossile Energieträger wie Erdöl und Steinkohle sind endlich. Sie werden früher oder später aufgebraucht sein. Die erneuerbaren Energien wie Wind- und Wasserkraft sind hingegen unendlich vorhanden. Der sogenannte Energiemix zeigt die Anteile der fossilen und der erneuerbaren Energieträger in der Stromerzeugung eines Landes.

Damit Energie gemessen und umgerechnet werden kann, gibt es Maßeinheiten. Joule ist eine internationale Einheit. Diese geht auf den britischen Physiker James Prescott Joule (1818 – 1889) zurück.

Auf Stromrechnungen hingegen findet man die Einheit Watt bzw. Kilowattstunde (kWh), benannt nach dem schottischen Wissenschaftler James Watt (1736 – 1819). Watt ist ebenfalls eine internationale Einheit, um eine Energieleistung (Energieumsatz pro Zeiteinheit) angeben zu können. Elf Wattstunden sind beispielsweise die Energiemenge, die eine moderne Energiesparbirne in einer Stunde aufnimmt bzw. als Licht und Wärme abgibt.

1 000 Joule (J) = 1 Kilojoule (kJ)
1 Mio. Joule (J) = Megajoule (MJ)
1 Mrd. Joule (J) = 1 Gigajoule (GJ)
1 Joule (J) = 1 Wattsekunde (Ws)
1 Kilowattstunde (kWh) = 3600 Kilojoule (kJ)

© westermann

Aus Braunkohle wird Strom. Das Kraftwerk Neurath im Rheinischen Braunkohlenrevier

Blick auf das Reaktorbecken in einem Atomkraftwerk

Sonne und Wind bilden die Basis für die Gewinnung erneuerbarer Energien

Fossile Energieträger

Zu den fossilen Energieträgern zählen Braun- und Steinkohle, Erdöl und Erdgas. Diese Energieträger bestehen aus Pflanzen- und Tierresten, die über mehrere Millionen Jahre durch Ablagerungsprozesse unter die Erdoberfläche gelangten. Durch den Druck- und Temperaturanstieg während der Lagerung in der Tiefe wurden sie zu Brennstoffen.

Der Weg bis zur Verstromung in Kraftwerken ist lang: Die Lagerstätten muss man zunächst finden und erschließen, bevor die Energieträger an die Erdoberfläche befördert werden können.

Atomare Energieträger

Atomare Energieträger basieren auf der sogenannten Kernspaltung. Die Atomkerne von Uran und Plutonium werden in Atomkraftwerken gespalten, wodurch große Mengen Energie freigesetzt werden. Aus einem Kilogramm Steinkohle werden etwa acht Kilowattstunden Strom produziert. Ein Kilogramm Uran (Sorte U-235) kann etwa 23 000 000 kWh Strom erzeugen.

Atomare Energieträger sind für den Menschen gefährlich, da sie gesundheitsschädliche Strahlung freisetzen, die in einer hohen Dosis tödlich sind.

Erneuerbare Energieträger

Sonne, Wind und Wasser liefern eine natürliche Energie, die in Solaranlagen sowie Wind- und Wasserkraftwerken größtenteils in Strom umgewandelt wird. Die Gewinnung und Nutzung dieser Energieformen belastet die Umwelt im Vergleich zu den fossilen Energieträgern deutlich weniger. Auch Biomasse und Erdwärme (Geothermie) zählen zu den erneuerbaren Energieträgern.

1. Recherchiere im Internet Werte zum aktuellen Energiemix in Deutschland und übertrage sie in den Kreis.

2. Erläutere die Veränderungen des deutschen Energiemixes von 1990 bis heute.

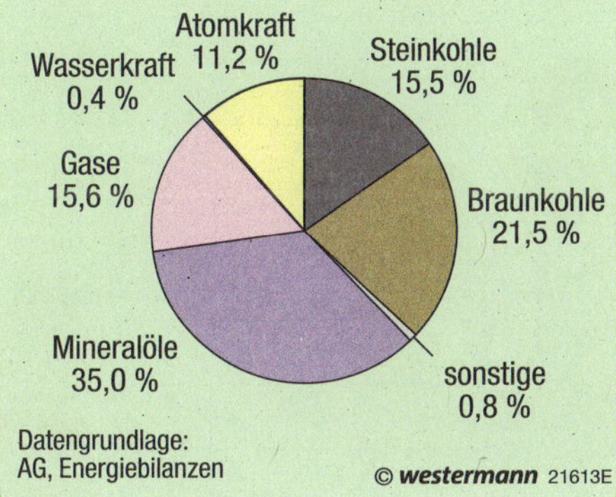

Energiemix Deutschland (1990)

Energiemix Deutschland (heute)

3. Dokumentiere deinen eigenen Stromverbrauch während eines Tages in Form eines Stundenplans. Liste dort alle elektrischen Geräte auf, die du an dem Tag direkt oder indirekt benutzt.

___

___

___

___

___

___

___

___

Energieverbrauch weltweit

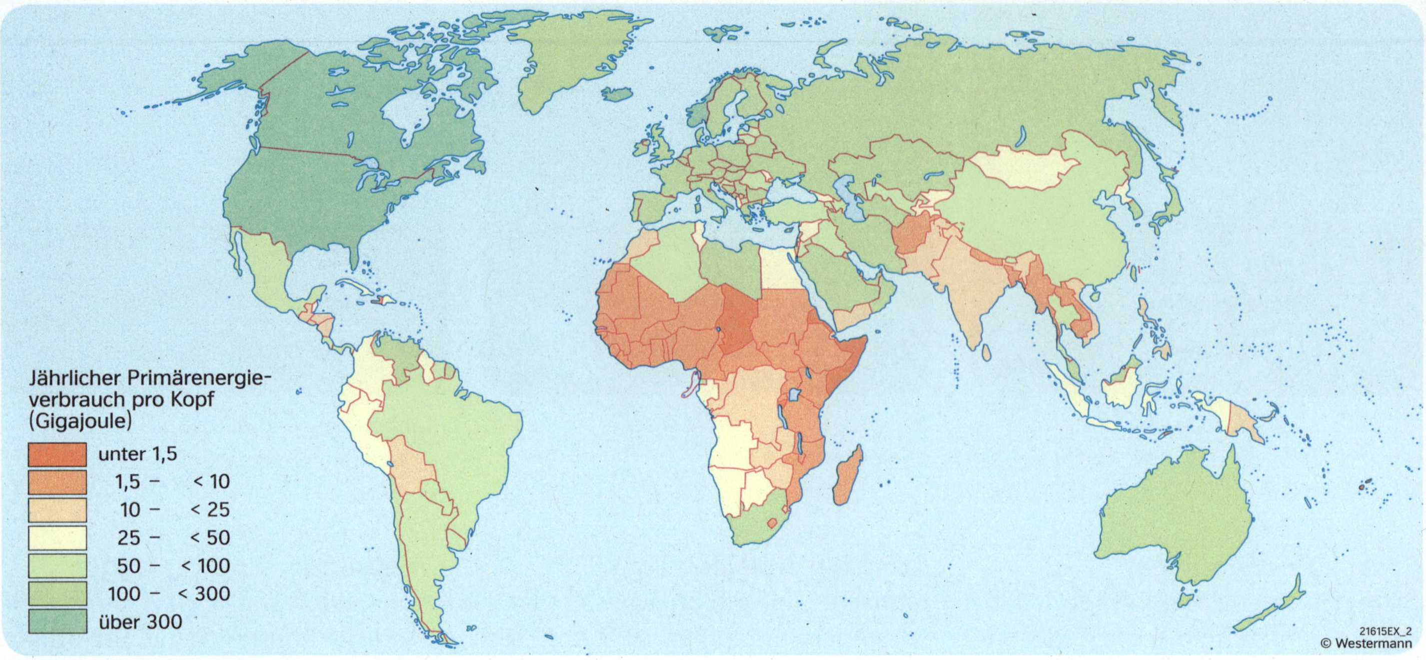

Energieverbrauch weltweit

Land ist nicht gleich Land

Der heutige Pro-Kopf-Energieverbrauch unterscheidet sich deutlich von Land zu Land. In den hoch industrialisierten Staaten wird bis zum 230-Fachen des Grundumsatzes verbraucht (siehe Infokasten). In den ärmsten Ländern der Welt liegt der Wert mit unter dem Sechsfachen des Grundumsatzes teilweise noch auf dem Niveau vorindustrieller Gesellschaften.

1. a) Recherchiere die aktuellen Werte zum Primärenergieverbrauch und der Bevölkerung weltweit. Ergänze die Tabelle.

b) Berechne und ergänze den Primärenergieverbrauch pro Kopf.

c) Stelle die Entwicklung des Primärenergieverbrauchs und der Bevölkerung in dem Diagramm dar.

Die frühen Urmenschen lebten vor zwei Millionen Jahren noch als Sammler und Aasfresser. Ihr Energieverbrauch war etwas größer als der Grundumsatz.

Jäger und Sammler (z. B. Neandertaler vor 200 000 Jahren) erhöhten ihren Energieverbrauch durch körperliche Aktivität und Feuernutzung auf das 6-fache des Grundumsatzes.

© westermann

Welt	1900	1950	1975	2000	aktuell
Primärenergieverbrauch (Mio. Gigajoule/Tag)	130	283	755	1184	
Bevölkerung (Mio.)	1650	2530	4070	6130	
Primärenergieverbrauch/Kopf (Gigajoule/Tag)					

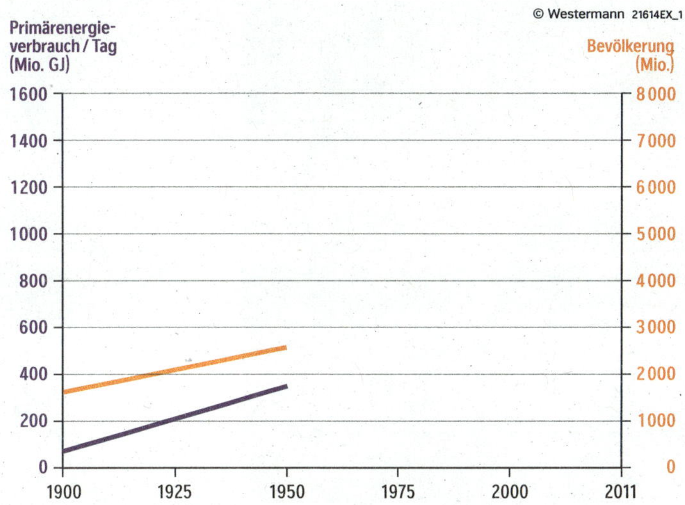

Entwicklung von Primärenergieverbrauch sowie Bevölkerung

2. Nenne jeweils fünf Länder mit dem höchsten und dem geringsten Primärenergieverbrauch pro Kopf. Beschrifte die jeweiligen Länder in der Karte.

______________	______________
______________	______________
______________	______________
______________	______________
______________	______________

Für seine Aktivitäten ist der Mensch auf Energie angewiesen. Die grundlegendste Energiemenge ist dabei diejenige, die notwendig ist, um die eigenen Körperfunktionen bei völliger Ruhe aufrechtzuerhalten. Dieser Grundumsatz beträgt ungefähr 4500 bis 8000 kJ pro Tag (entspricht 0,0045 – 0,008 GJ).

3. Beschrifte die Pfeile mit dem Grundumsatz.

In der mittelalterlichen Agrargesellschaft wurden Haustiere gehalten und Landwirtschaftsprodukte verarbeitet. Energiebedarf: 20-facher Grundumsatz.

Mit der industriellen Revolution Mitte des 18. Jhds. stieg der Energieverbrauch durch die starke Nutzung fossiler Brennstoffe deutlich an. In der heutigen Industrie- und Dienstleistungsgesellschaft liegt der durchschnittliche Energieverbrauch eines Menschen 230 Mal höher als sein Grundumsatz.

____

Feuer als Licht- und Wärmequelle

Aeolipile

Mann am Herd

Die Nutzung der Energie des Feuers im Wandel der Zeit

Durch Blitzeinschläge und Vulkanausbrüche kennen die Menschen das Feuer seit Anbeginn. Zunächst konnten sie das Feuer noch nicht gezielt nutzen. Sie mussten dies erst erlernen. Die frühesten bekannten Feuerstellen des Menschen stammen aus der Zeit vor ungefähr einer Million Jahren. In dieser vorgeschichtlichen Zeit diente das Feuer zunächst als Licht- und Wärmequelle. Auch zur Verteidigung gegen wilde Tiere war das Feuer dienlich.

Im ersten Jahrhundert nach Christus wurde das Feuer nicht nur als Wärme- und Lichtquelle genutzt, sondern auch gezielt in Bewegungsenergie umgewandelt. Die von dem griechischen Mathematiker und Ingenieur Heron entwickelte Aeolipile setzt sich wie folgt in Bewegung: Wasser wird in einer Kugel erhitzt. So wird es zu Wasserdampf, der sich ausdehnt. Es entsteht Druck. Der Wasserdampf strömt aus zwei Düsen der Kugel. Diese beginnt sich zu drehen.

Auf dieser Grundidee aufbauend entwickelte James Watt im 18. Jahrhundert die Dampfmaschine. Diese nutzt die entstehende mechanische Energie für den Antrieb von Maschinen. Im Jahr 1888 konstruierte der schwedische Ingenieur de Laval die erste Dampfturbine, bei der austretender Dampf Turbinenschaufeln in Bewegung setzt. Dieses Prinzip existiert auch noch bei heutigen Wärmekraftanlagen wie Kohlekraftwerken.

1. Erläutere die Veränderungen in der Feuernutzung im Laufe der Menschheitsgeschichte.

____
____
____
____
____
____
____
____

2. Beschreibe stichpunktartig die Funktionsweise eines Kohlekraftwerkes.

____
____
____
____
____
____
____
____

© westermann

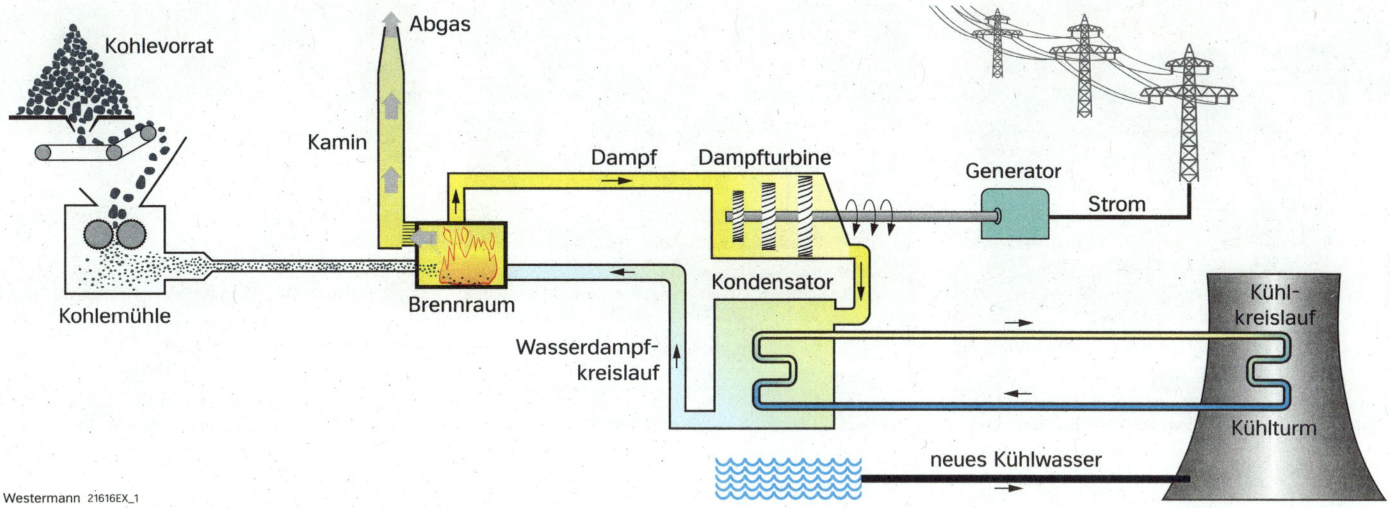

Funktionsprinzip eines Kohlekraftwerkes

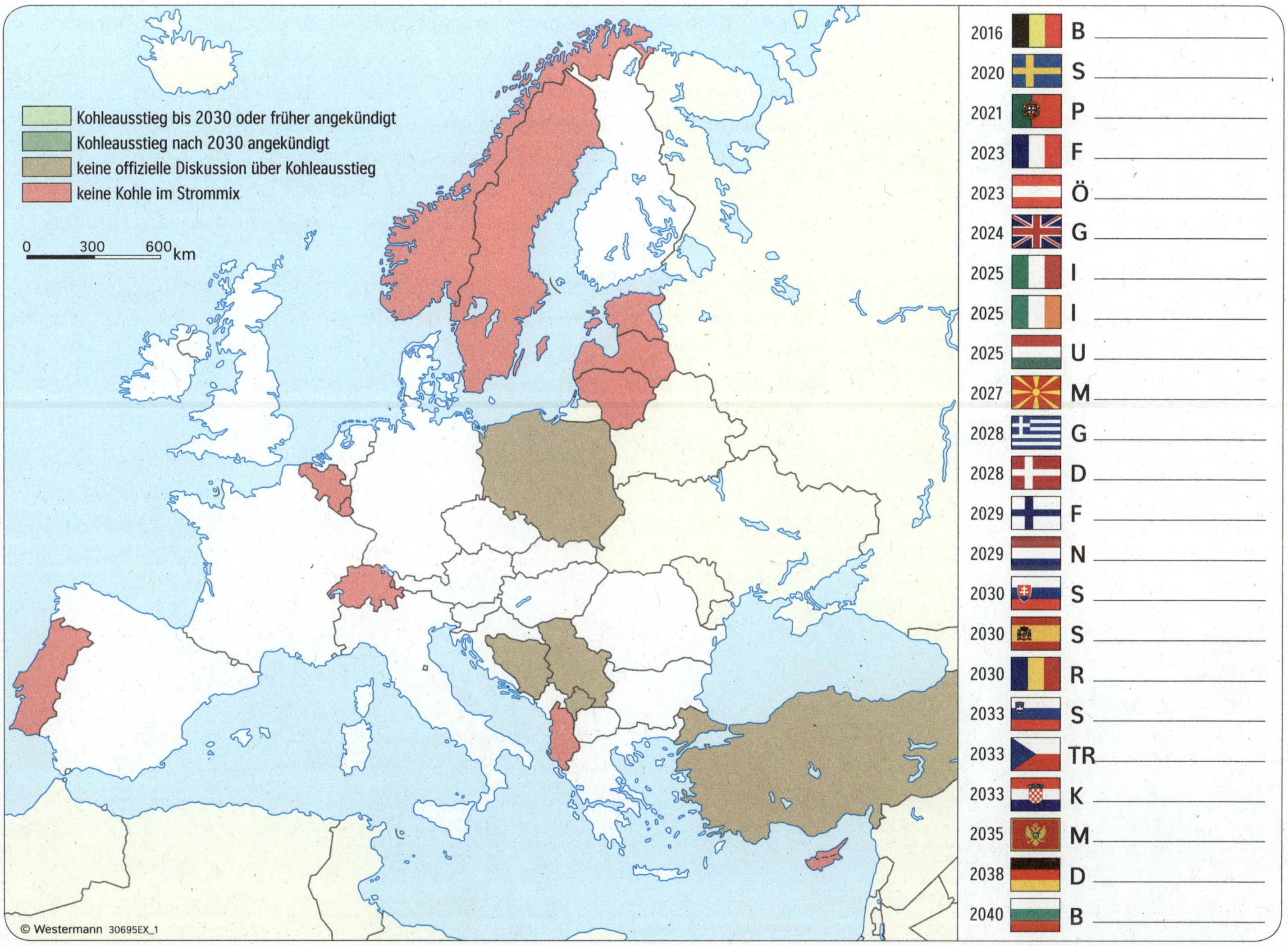

Europa – beyond the coal?

3. Ermittle mithilfe der Flaggen die Länder. Male die Staaten, die den Kohleausstieg bis 2030 oder nach 2030 angekündigt haben, mit den grünen Farben der Legende aus.

Im Inneren einer Windmühle: Der Mahlblock mahlt Getreidesorten wie Weizen, Roggen und Dinkel zu feinem Mehl

„Hochleistungswasserräder“: 17 Turbinen im Hoover-Staudamm erzeugen aus Wasserkraft elektrische Energie. Der Hoover Staudamm staut den Colorado River auf und kontrolliert die Wasserabgabe im Südwesten der USA

1. Trage mithilfe des Textes die richtigen Begriffe in das Schaubild zum Aufbau einer Windmühle ein.

2. Fülle den Lückentext aus. Nutze dazu die Informationen aus der darunterliegenden Grafik.

Holländerwindmühlen bestehen in der Regel aus vier oder fünf Flügeln. Jeder Flügel besitzt zwei Ruten, die zusammen ein Rutenpaar ergeben. Die Windrose am hinteren Teil der Windmühle ermittelt zunächst die Windrichtung und dreht das Windrad mechanisch in die optimale Position. Die anströmenden Luftmassen können nun auf die Ruten stoßen und diese in Bewegung setzen. Die eingefangene Energie wird über eine Flügelwelle auf die Königswelle übertragen. Die vielen Zahnräder am Stirnrad und Stockrad übersetzen die langsamen Bewegungen der Ruten in eine etwas schnellere mechanische Bewegung. Das Stirnrad ist mit dem Mahlwerk der Windmühle verbunden. Sobald das Getreide zu feinem Mehl gemahlen ist, fällt es durch das Mehlrohr in große Säcke. Diese können nun mit einer Seilwinde in den Unterbau der Windmühle transportiert werden. Dort werden sie gelagert.

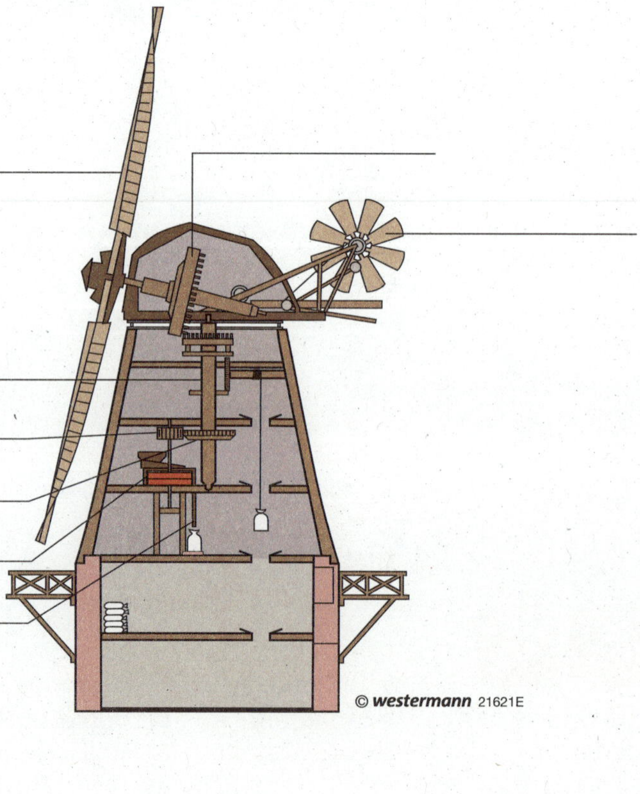

3. Benenne die Städte und Flüsse in der Karte (S. 11).

D.H. ____________________
R. ____________________
A. ____________________
M. ____________________
U. ____________________
E. ____________________
L. ____________________
Aa. ____________________
Mi. ____________________
1: ____________________
2: ____________________

© westermann

Panorama der Windmühlen von Kinderdijk in den Niederlanden. Zwischen 1738 und 1740 wurden hier insgesamt 19 Windmühlen errichtet, um die Region durch Abpumpen von Wasser vor Überflutungen zu schützen

Übersichtskarte Niederlande

Windkraftanlagen wandeln die ____________________ in elektrische Energie um. Die ____________________ verbindet die Rotorblätter mit der ____________________. Hier befindet sich das Herzstück der Maschine. Der ____________________ misst die Windstärke und dreht die gesamte Gondel in die entsprechende Windrichtung. Durch zuströmende Luft (Wind) werden die ____________________ in Bewegung gesetzt. Die durch den Wind erzeugte Drehbewegung des Rotors gelangt über eine mächtige Antriebswelle zum ____________________ der Windkraftanlage. Die großen ____________________ drehen sich sehr langsam (durchschnittlich 22 Umdrehungen pro Minute). Das Getriebe übersetzt die wenigen Umdrehungen über viele kleinere Zahnräder in bis zu 1 500 Umdrehungen pro Minute. Die schnelle Drehbewegung im Getriebe wird danach in den ____________________ geleitet, der daraus zum Schluss elektrischen Strom erzeugt. Ähnlich wie bei einem Fahrraddynamo wird kinetische Energie (Wind) in elektrischen Strom umgewandelt. Der erzeugte Strom wird in einem Umspannwerk transformiert und in das Stromnetz eingespeist. Dort wird es mittels ____________________ in Städte und Siedlungen geleitet.

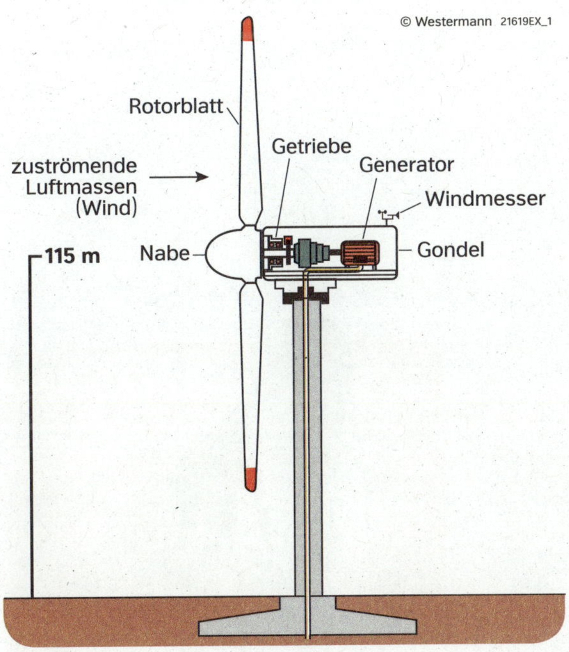

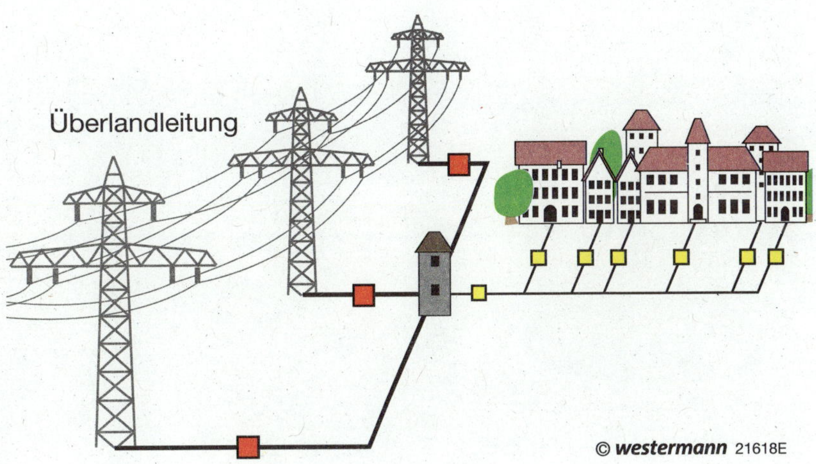

Funktionsweise einer Windkraftanlage

© westermann

The party is over

Das Fass ist halb leer

Das „schwarze Gold“ Erdöl ist heute weltweit der wichtigste fossile Energieträger. Die moderne Erdölindustrie startete 1855 mit dem Patent für die Herstellung von Kerosin, das im 19. Jahrhundert das wichtigste Leuchtmittel war. Nach der Erfindung des Otto-Motors entstand die Automobilindustrie. Mit ihr stieg der weltweite Bedarf an Erdöl. In den ersten Jahrzehnten des 20. Jahrhunderts entwickelte sich die Erdölindustrie.
Erdöl ist aber nicht nur ein wichtiger Energieträger. Es wird auch zur Herstellung von chemischen Produkten wie Kunststoffen, Düngemitteln oder Farben verwendet. Auch in Medikamenten stecken Bestandteile des Erdöls.
Jedes Jahr wird die Menge an Erdöl auf der Erde verbraucht, die in einem Zeitraum von einer halben bis einer Million Jahre gebildet wurde. Der Vergleich verdeutlicht, dass Erdöl eine endliche Ressource ist. Es könnte noch in diesem Jahrhundert aufgebraucht sein. Wann die "Erdöl-Party" zu Ende sein wird, traut sich kaum ein Wissenschaftler vorherzusagen. Da aus Erdöl viele wichtige Produkte hergestellt werden, sollte das Fass besser niemals ganz leer sein.

1. Recherchiere im Internet alltägliche Produkte, die mit Bestandteilen von Erdöl hergestellt werden.

____

____

____

____

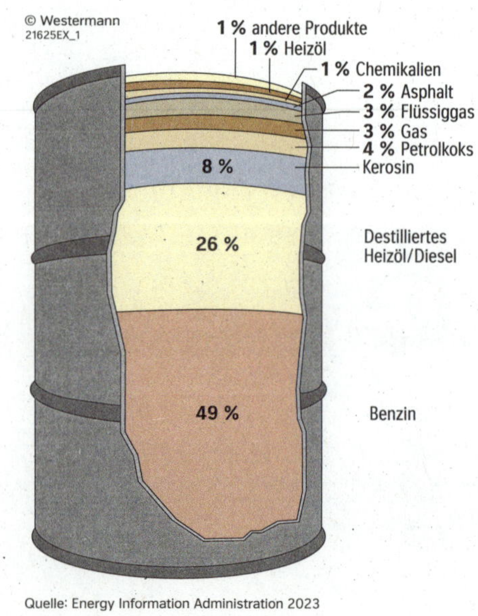

Was aus einem Barrel Erdöl (159 l) hergestellt wird (Beispiel USA)

2. Beschreibe die Entwicklung der Fördermengen des Erdölzeitalters von 1950 bis 2100. Benutze dafür die Theorie des Peak Oil.

____

____

____

____

____

____

____

____

____

____

____

____

____

Peak Oil

Marion King Hubbert war US-amerikanischer Geologe und leitender Forschungsexperte bei Shell. Er entwickelte in den 1970er-Jahren die Peak-Oil-Theorie. Hubbert nahm an, dass die weltweite Förderung bis zu einem Maximum ansteigen wird. Danach geht die Förderung allmählich zurück, da die restlichen Vorräte an Erdöl nicht mehr vollständig wirtschaftlich erschlossen werden.

© westermann

Erster Bohrturm der USA in Titusville, 1859

Die Geschichte von Edwin Drake und Titusville

In der amerikanischen Geschichte gilt Edwin Laurentine Drake als erster US-Amerikaner, der nach Erdöl bohrte. Er entdeckte 1859 die erste amerikanische Ölquelle in 23 m Tiefe am Oil Creek nahe der Stadt Titusville (Pennsylvania). Zeitgleich fanden jedoch auch Bohrungen um Erdöl in West Virginia statt. Neuere Quellen berichten sogar von früheren Bohrungen in Europa und Kanada. Auch wenn Drake vermutlich nicht der Erste war, der nach Erdöl bohrte, so leiteten seine Bohrungen und Erdölfunde in Titusville dennoch den Beginn des Erdölzeitalters ein.

3. Trage die Fördermengen an Erdöl (siehe Tabelle) als Kurvendiagramm unten in das Achsenkreuz ein. Benutze die drei unterschiedlichen Farben der Tabelle.

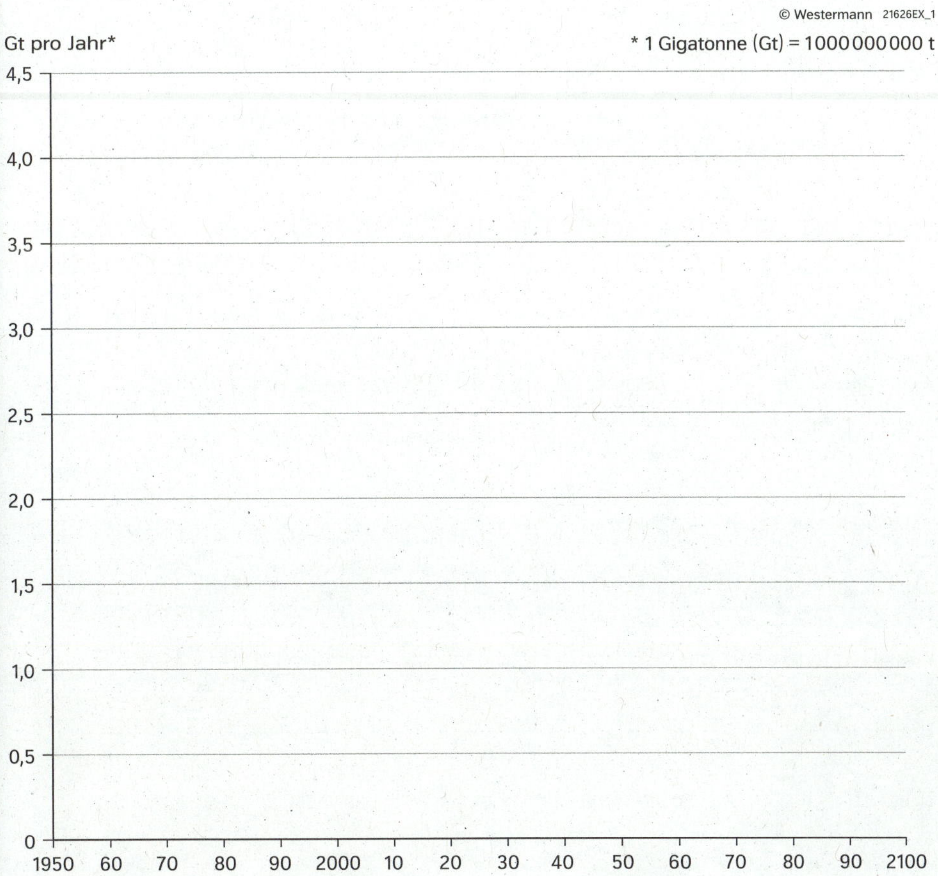

Verlauf der globalen Erdölförderung seit 1950

	Fördermengen an Erdöl (in Gigatonnen)		
Jahr	bis 2020	Prognose (BGR 2011)	Prognose (Odell 2000)
1950	0,5		
1960	1,1		
1970	2,3		
1980	3,1		
1985	2,8		
1990	3,2		
1995	3,3		
2000	3,6		
2007	3,9		
2010	4,0		
2015	4,1		
2020	4,2		4,6
2030		4,5	4,6
2040		4,6	4,4
2050		4,1	3,9
2060			3,0
2070			2,0
2080			1,1
2090			0,7
2100			0,4

Bisher gefördertes Erdöl und Schätzungen

Elektroauto: ein alter, neuer Hoffnungsträger!

Elektroautos erscheinen relativ neu, dabei gibt es sie sehr lange. Sie wurden Ende des 19. Jahrhunderts in Städten wie London und Paris eingesetzt und sollten die Pferdekutsche ablösen. Ferdinand Porsche und Ludwig Lohner entwickelten um 1900 auch das erste Fahrzeug mit Hybridantrieb. Der Lohner-Porsche hatte einen Verbrennungs- und einen Elektromotor. Die frühen Fortschritte wurden jedoch 1908 verdrängt. Henry Ford entwickelte ein Auto, das arbeitsteilig in großen Fabriken und auf Fließbändern hergestellt werden konnte. Das mit einem Verbrennungsmotor ("Otto-Motor") ausgestattete Ford Modell T gilt als das erste Auto, das sich nahezu jeder leisten konnte.

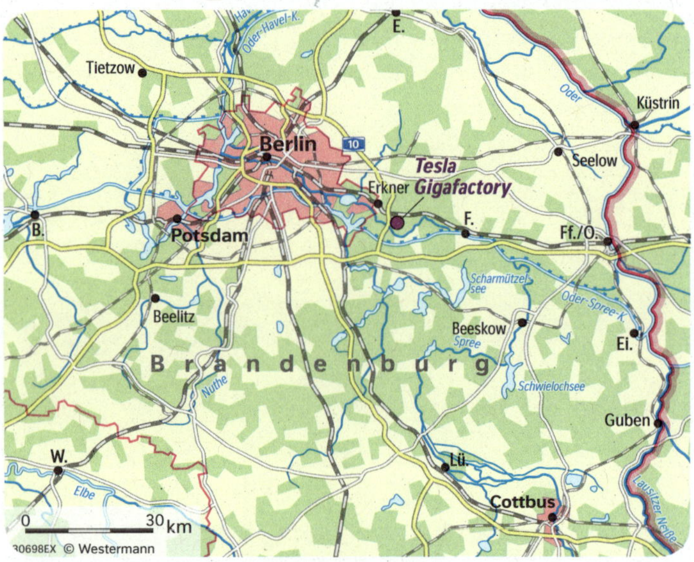

Lage und Umgebung der Tesla Gigafactory, Berlin-Brandenburg

1. Städte im Umkreis der Tesla-Fabrik.

E. ______________________

B. ______________________

W. ______________________

Fü. ______________________

Ff/O. ______________________

Ei ______________________

L. ______________________

Gigafactory von Tesla, Berlin-Brandenburg

Der Lohner-Porsche, Hybridauto um 1900

	Tesla Model 3 (RWD)	Toyota Mirai II
Technologie	Batterie-Elektro	Wasserstoff-Brennstoffzelle
Fahrzeugtyp	Limousine	Limousine
Pferdestärken	283 PS	182 PS
Höchstgeschwindigkeit	225 km/h	175 km/h
Reichweite	~ 415km	~ 550km
Kosten pro 100km	7,25 € (ca. 14.5 kWh bei ca. 50 Cent/kWh)	7,60 € (ca. 800 gr. H bei ca. 9,50 €/ 1kg H)
Lade-/Tankzeit	ca. 6h	3-5 Minuten
Neupreis	ab 47500 €	ab 66000 €
CO²-Effizienzklasse	A +	A +

Unterwegs mit Strom und Wasserstoff? Zwei Autos im Vergleich

© westermann

Elektrofahrzeuge tanken in einem Netz aus Ladesäulen ihre Akkus auf. Ab 2035 sollen in der EU nur Neuwagen verkauft werden, die im Betrieb keine Treibhausgase ausstoßen.

H_2-Infrastruktur im Straßenverkehr
- Wasserstoff-Tankstelle
- Autobahn

H_2-Infrastruktur für die Industrie
- Wasserstoff-Pipeline (umgewidmete Erdgasleitung)

2. a) Plane eine Fahrtroute von Nürnberg nach Kiel mit deinem Wasserstoffauto. Berücksichtige Reichweite und Lage der Wasserstoff-Tankstellen.
b) Trage deine Route und die notwendigen Tankstellen auf deiner Route in die Karte ein. Verwende dafür das Kartenzeichen in der Legende.

3. Benenne die Städte in der Karte.

R. ______________________

W. ______________________

H. ______________________

Fr. ______________________

F. ______________________

L. ______________________

Ro. ______________________

K. ______________________

D. ______________________

E. ______________________

4. Beschreibe die Lage von drei Modellregionen mit Wasserstoffvorhaben.

____

____

____

© westermann

Kernkraftwerk (als Abkürzung dienen die drei Buchstaben aus **A**tom**K**raft**W**erk (AKW)

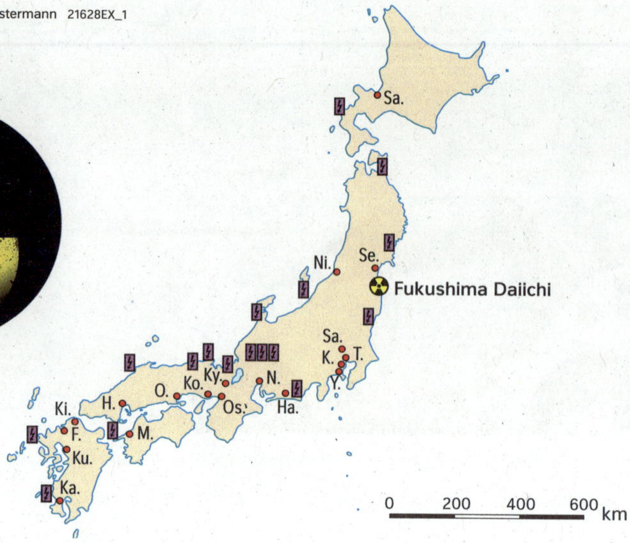

AKWs in Japan (2022)

Atomkraft – Energie durch Kernspaltung

Der Grundstein zur Nutzung der Atomkraft wurde 1938 gelegt. In Berlin gelang es erstmalig, einen Atomkern zu spalten. Bei der Spaltung wird eine große Energiemenge freigesetzt. Dabei kann es zu einer Kettenreaktion kommen. Verläuft diese unkontrolliert, entsteht eine heftige Explosion. Dies ist die Funktionsweise der Atombombe. Wenn die Kettenreaktion aber kontrolliert wird, kann die freiwerdende Energie in Strom umgewandelt werden. Damit Kernkraftwerke sicher laufen, muss unter anderem eine Wasserkühlung vorhanden sein. Fällt das Kühlsystem aus, kann es zu einem Atomunfall kommen.

Die Katastrophe von Fukushima

Am 11. März 2011 kam es vor der Nordostküste Japans zu einem schweren Erdbeben. Das Kernkraftwerk Fukushima Daiichi wurde dabei so stark beschädigt, dass die Kernspaltung außer Kontrolle geriet. Es kam zur Kernschmelze. Große Mengen an radioaktivem Material wurden freigesetzt. Im Umkreis von mehr als 30 km mussten mehr als 150 000 Menschen evakuiert werden. Trotzdem wird in Japan weiterhin auf Atomkraft gesetzt. Deutschland hat sich nach dem Ereignis von Fukushima gegen die Atomkraft entschieden. Seit 2022 sind alle Atomkraftwerke stillgelegt. Aber in unseren Nachbarstaaten sind etliche, teilweise sehr alte Atomkraftwerke am Netz. Lauert die Gefahr nun an den Grenzen unserer Nachbarstaaten?

AKWs in den deutschen Nachbarstaaten in unmittelbarer Grenznähe

© westermann

1. Diskutiert in der Klasse die Lage der AKWs in Japan und ihre Nähe zu den dortigen Millionenmetropolen.

2. Eilmeldung: Im Atomkraftwerk Cattenom kommt es zu einem Störfall. Du bist Katastrophenmanager und sollst die umliegenden Städte evakuieren. Zeichne mithilfe eines Zirkels einen Evakuierungsring (Durchmesser 2 cm) um Cattenom herum in die Karte ein. Rechne mithilfe des Maßstabs den Evakuierungsring in Kilometer um. Trage die zu evakuierenden Großstädte und die Anzahl gefährdeter Menschen in die Tabelle ein.

Internationale Bewertungsskala für nukleare Ereignisse (INES)

Das Ausmaß radioaktiver Unfälle wird nach dieser internationalen Bewertungsskala eingestuft. Sie umfasst sieben Stufen, die von **Störung** über **Störfall**, **Ernster Störfall**, **Unfall**, **Ernster Unfall** und **Schwerer Unfall** bis hin zum **Katastrophalen Unfall** reichen.

Land/ Staat	Zu evakuierende Großstädte im Umkreis von ____ km	Anzahl gefährdeter Menschen

3. Recherchiere im Internet die Daten und trage sie in die Tabelle ein.

Ort des Atomkraftwerks	Land	Inbetriebnahme	Anzahl Störfälle	Stufe und Datum des größten Störfalls
Th.				
C.				
L.				
B.				
T.				

© westermann

Solarkocher in Indien

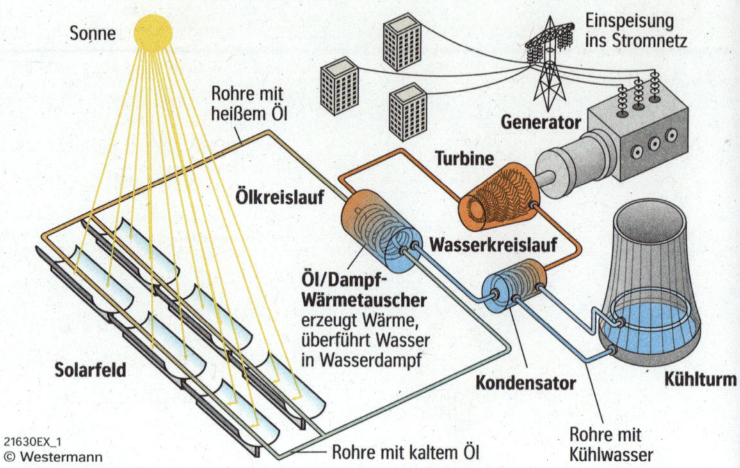

Aufbau eines Parabolrinnenkraftwerkes

Nutzung der Sonnenenergie

Die Nutzung der Sonnenenergie (Solarenergie) durch Lebewesen ist eine Lebensgrundlage. Die meisten Pflanzen bauen mit ihrer Hilfe durch die Fotosynthese Biomasse auf. Mensch und Tier wiederum ernähren sich direkt oder indirekt von dieser Biomasse. Durch die Solartechnik nutzt der Mensch die Sonnenenergie auch auf einem technischen Weg.

Bereits das olympische Feuer im antiken Olympia wurde mithilfe der Sonnenenergie entzündet, indem man das Sonnenlicht in einem Hohlspiegel bündelte. Diese Funktionsweise findet sich noch heute bei Solarkochern. Aber auch moderne Anlagen, die elektrischen Strom erzeugen, basieren auf diesem Prinzip.

In großen solarthermischen Kraftwerken wird ein spezielles Öl durch ein Rohrsystem geleitet und durch die gebündelten Sonnenstrahlen stark erhitzt. Die Wärmeenergie dieser Flüssigkeit dient dann der Stromerzeugung, wie bei herkömmlichen fossilen Wärmekraftwerken. Parabolrinnenkraftwerke arbeiten zum Beispiel nach diesem Prinzip. Vor allem in sonnenreichen Regionen der Erde existieren inzwischen viele solcher großen Solarkraftwerke.

1. Wie kann man Sonnenenergie nutzen?

____

____

____

____

____

____

____

____

2. Wie funktioniert ein Parabolrinnenkraftwerk? Vervollständige.

Durch Bündelung des __________ wird __________ in einem Rohrsystem erhitzt. Dieses bewirkt, dass ____________________ zu ____________________ wird, der eine ______________ antreibt. Über einen Generator kann nun ______________ erzeugt werden. In dem ______________ wird Wasserdampf durch ______________ wieder in den ___________ Zustand versetzt und kann aufs Neue erhitzt werden. Ein Parabolrinnenkraftwerk besitzt somit zwei getrennte Kreisläufe: einen ________________ und einen ________________.

© westermann

3. Bestimme jeweils 5 Staaten der Erde, in denen sich die Sonneneinstrahlung entsprechend der Farbskala Gelb, Orange und Rot lohnt (siehe Karte unten).

____________________	____________________	____________________
____________________	____________________	____________________
____________________	____________________	____________________
____________________	____________________	____________________
____________________	____________________	____________________

4. Recherchiere Informationen zum Solarkraftwerk Noor Abu Dhabi und trage sie ein:

Fläche: ____________________

Bauzeit: ____________________

Strommenge: ____________________
(in Gigawatt)

5. Nenne die Nachbarstaaten von Abu Dhabi.

____

____

____

____

____

____

Solaranlage in Abu Dhabi

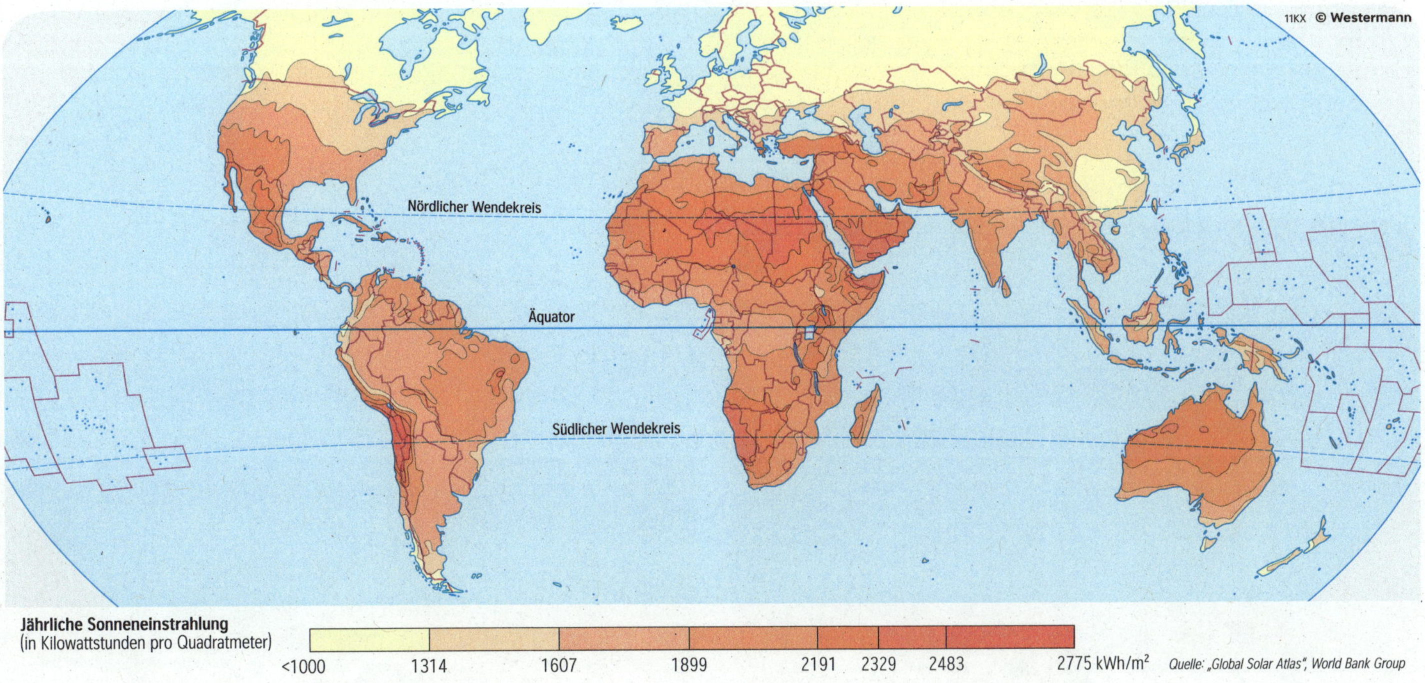

Wo lohnt sich Solarkraft weltweit? (Stand: 2021)

Energien verändern Landschaften

The Wind of change – Don Quixote gestern und heute

Was ist eine Landschaft?
Unsere Erde besteht aus einer Vielzahl unterschiedlicher Landschaften. Du kennst zum Beispiel die Sahara in Afrika oder den Schwarzwald in Deutschland. Aber was genau bedeutet der Begriff Landschaft? Es handelt sich um ein Gebiet der Erde, das aufgrund seiner Eigenschaften in sich einheitlich ist. Deshalb kann es von anderen, benachbarten Gebieten abgegrenzt werden. Von Bedeutung sind dabei alle Eigenschaften wie Böden, Relief, Klima, Vegetation, Tiere und die Nutzung durch den Menschen sowie deren Zusammenspiel. Erst dadurch bekommt eine Landschaft ihren ganz eigenen Charakter, ihre Eigenart.
Dabei empfindet jeder Mensch dieselbe Landschaft als mehr oder weniger schön. Durch Eingriffe, wie zum Beispiel den Bau von Kraftwerken, Solar- und Windkraftanlagen, können Landschaften verändert werden. Wie Menschen diese Veränderungen empfinden und bewerten, kann sich stark unterscheiden.

1. In the middle of somewhere or nowhere?

In the middle of nowhere – Windpark in der Wüste Arizonas, USA

In the middle of somewhere – Windräder nahe Dorf, Deutschland

© westermann

Stichwortwolke zur Windkraftnutzung

Plakat auf einer Demonstration gegen die Errichtung eines Windkraftparks

3. In deiner Klasse soll das Für und Wider der angedachten Errichtung eines Windparks diskutiert werden. Teilt eure Klasse dazu in sechs Gruppen auf, die folgende Positionen einnehmen:

- Bürgermeister des Ortes
- Bürger des Ortes
- Bürger eines angrenzenden Ortes
- Vertreter des beteiligten Energiekonzerns
- Förster im Gebiet des geplanten Windparks
- Vertreter einer Naturschutzorganisation

Notiere dir im Vorfeld möglichst viele Argumente für deine Position. Nutze dafür auch die Begriffe aus der Stichwortwolke.

2. Verfasse einen Zeitungskommentar, der sich mit Landschaft und ihrer Wahrnehmung durch den Menschen beschäftigt. Verwende dafür die Stichwortwolke.

____

____

____

____

____

© westermann

Der ökologische Fußabdruck

Fast alle deine Handlungen verbrauchen unterschiedlich viel Energie: Die Fahrt mit dem Bus, die Benutzung des Smartphones oder der Verzehr einer Mahlzeit. Mit dem ökologischen Fußabdruck kann man berechnen, wie viel Land- und Wasserflächen jeder Mensch einer Region durchschnittlich verbraucht. Hierfür werden die Bereiche Wohnen/Energie, Konsum, Ernährung, Reisen/Hobbies und Mobilität erfasst und bewertet.

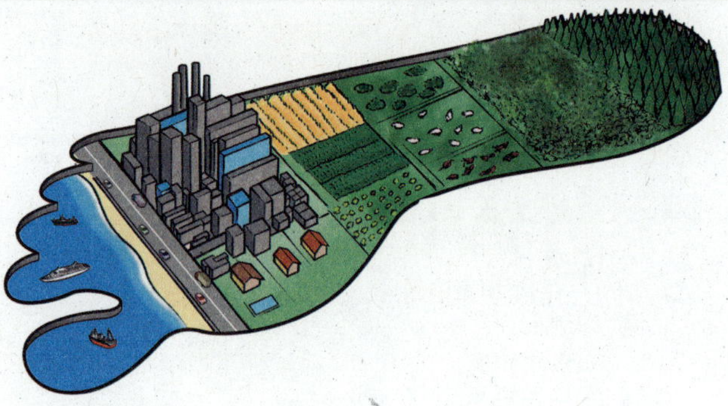

1. Beschreibe die Entwicklung des weltweiten ökologischen Fußabdruckes seit 1960.

____

____

____

____

2. Wohnen, Energie, Konsum, Ernährung, Reisen, Hobbies und Mobilität. In welchen Bereichen könntest du weniger „Natur" verbrauchen?

____

____

____

____

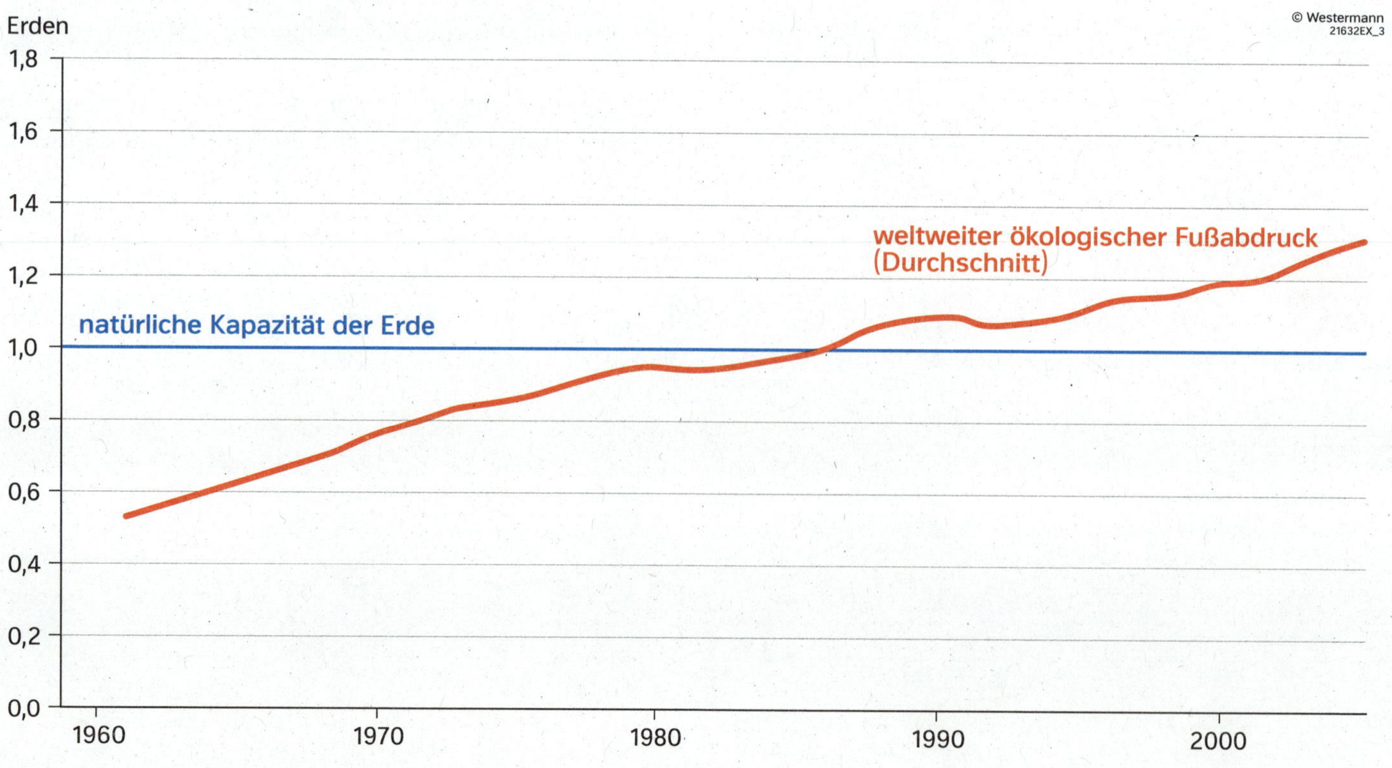

Entwicklung des ökologischen Fußabdruckes

© westermann

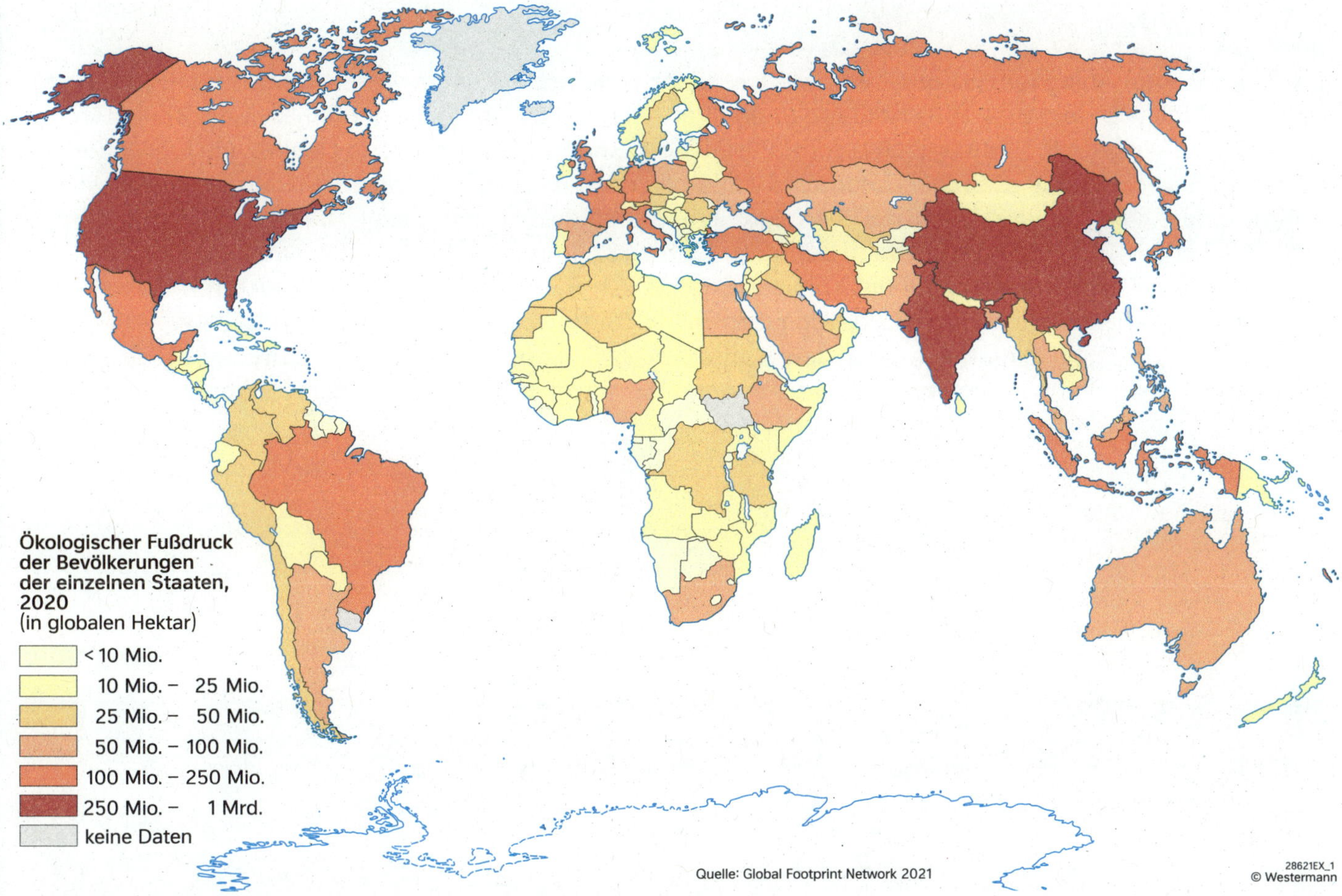

Weltkarte des ökologischen Fußabdruckes

3. a) Bestimme drei Länder, die den höchsten ökologischen Fußabdruck aufweisen.

____

____

____

b) Bestimme drei Länder, die den niedrigsten ökologischen Fußabdruck aufweisen.

____

____

____

4. a) Berechne im Internet den Umfang deines ökologischen Fußabdrucks.

Mein ökologischer Fußabdruck misst ______ Hektar.

Wenn alle so leben würden wie ich, bräuchte man ______ Erden.

b) Vergleiche dein Ergebnis mit denen deiner Klassenkameraden. Berechnet den durchschnittlichen Fußabdruck eurer Klasse.

Der ökologische Fußabdruck unserer Klasse beträgt ______ Hektar.

Wenn alle so leben würden wie wir, bräuchte man ______ Erden.

Titelfoto: |Solarkraftwerk in Sevilla, Spanien/Dmytro Kosmenko, iStockphoto

Bildquellen:
|Alamy Stock Photo, Abingdon/Oxfordshire: Science History Images 8.2. |Alamy Stock Photo (RMB), Abingdon/Oxfordshire: Ashley Cooper pics 18.1; Heritage Image Partnership Ltd 14.3. |Bridgeman Images, Berlin: Archives Charmet/Kranz, Wilhelm 8.1. |dreamstime.com, Brentwood: Bogdan Carstina 15.1; Dennis Van De Water 11.1; Frank Roeder 5.1; Reinhardt 20.2; Stocksnapper 4.3. |fotolia.com, New York: kaycco 10.1; Mopic 3.1; mopsgrafik 16.2. |iStockphoto.com, Calgary: AdamG1975 4.1; jgroup 5.3; Kosmenko, Dmytro Titel; Marschant 4.4; mitchfournier 10.2; ollo 18.2, 18.3, 18.4, 18.5, 18.6, 18.7, 18.8, 18.9, 18.10, 18.11, 18.12, 18.13, 18.14; orhch 20.3. |Karto-Grafik Heidolph, Dachau: 21.1. |Nußbaum, Dennis, Koblenz: 6.1, 6.2, 7.1, 7.2, 7.3, 14.1, 20.1, 22.1. |Picture-Alliance GmbH, Frankfurt a.M.: dpa/Deck, Uli 5.2, 16.1; dpa/dpa-Zentralbild/Büttner, Jens 21.2; dpa/EMIRATES NEWS AGENCY 19.1; JT Vintage/Glasshouse Images 13.1; ZB/euroluftbild.de 14.2; Zoonar.com/Schöne, Christoph 10.3. |Shutterstock.com, New York: Bethge, Thomas 17.1; Grusho Anna 8.3. |stock.adobe.com, Dublin: juefraphoto 4.2. |Valentinelli, Mario, Rostock: 12.1.

westermann *GRUPPE*

© 2023 Bildungshaus Schulbuchverlage Westermann Schroedel Diesterweg Schöningh Winklers GmbH,
Georg-Westermann-Allee 66, 38104 Braunschweig
www.westermann.de

Das Werk und seine Teile sind urheberrechtlich geschützt. Jede Nutzung in anderen als den gesetzlich zugelassenen bzw. vertraglich zugestandenen Fällen bedarf der vorherigen schriftlichen Einwilligung des Verlages. Nähere Informationen zur vertraglich gestatteten Anzahl von Kopien finden Sie auf www.schulbuchkopie.de.

Für Verweise (Links) auf Internet-Adressen gilt folgender Haftungshinweis: Trotz sorgfältiger inhaltlicher Kontrolle wird die Haftung für die Inhalte der externen Seiten ausgeschlossen. Für den Inhalt dieser externen Seiten sind ausschließlich deren Betreiber verantwortlich. Sollten Sie daher auf kostenpflichtige, illegale oder anstößige Inhalte treffen, so bedauern wir dies ausdrücklich und bitten Sie, uns umgehend per E-Mail davon in Kenntnis zu setzen, damit beim Nachdruck der Verweis gelöscht wird.

Bei der Übernahme von Werkteilen (Grafiken) aus den Arbeitsblättern sind Sie verpflichtet, das Namensnennungsrecht des Urhebers zu beachten und die Namensnennung in ein neues Arbeitsblatt mit einzufügen. Unterlassungen dieser Verpflichtung stellen einen urheberrechtlichen Verstoß dar, der zu urheberrechtlichen Schadensersatzansprüchen führen kann.

Druck A[1] / Jahr 2023
Alle Drucke der Serie A sind im Unterricht parallel verwendbar.

Herausgeber: Peter Kirch
Autoren: Thomas Brühne, Peter Kirch; unter Mitarbeit von Michael Tempel
Redaktion: Sebastian Weirauch
Illustrationen: Mario Valentinelli, Dennis Nußbaum
Druck und Bindung: Westermann Druck GmbH, Georg-Westermann-Allee 66, 38104 Braunschweig

ISBN 978-3-14-**110067**-8